BALAJI V R
SATHIYA PRIYA J

Arquitecturas Reconfiguráveis Para Integração Em Muito Grande Escala

BALAJI V R
SATHIYA PRIYA J

Arquitecturas Reconfiguráveis Para Integração Em Muito Grande Escala

Arquitetura VLSI

ScienciaScripts

Imprint

Cover image: www.ingimage.com

This book is a translation from the original published under ISBN 978-620-8-11895-2.

Publisher:
Sciencia Scripts
is a trademark of
Dodo Books Indian Ocean Ltd. and OmniScriptum S.R.L publishing group

120 High Road, East Finchley, London, N2 9ED, United Kingdom
Str. Armeneasca 28/1, office 1, Chisinau MD-2012, Republic of Moldova, Europe
Printed at: see last page
ISBN: 978-620-8-19281-5

ÍNDICE DE CONTEÚDOS

ARQUITECTURAS RECONFIGURÁVEIS PARA INTEGRAÇÃO EM MUITO GRANDE ESCALA

As arquitecturas reconfiguráveis para integração em muito grande escala (VLSI) referem-se a sistemas de hardware que podem ser dinamicamente alterados ou configurados para satisfazer necessidades computacionais variáveis, melhorando a flexibilidade e a eficiência. Estas arquitecturas constituem um compromisso entre concepções de hardware fixas, como os circuitos integrados específicos da aplicação (ASIC), e os processadores de uso geral, oferecendo funcionalidades de hardware programáveis ou adaptáveis. Isto é crucial para aplicações que exigem simultaneamente um elevado desempenho e versatilidade.

1. CONCEITOS-CHAVE EM ARQUITECTURAS RECONFIGURÁVEIS PARA VLSI: MATRIZES DE PORTAS PROGRAMÁVEIS EM CAMPO (FPGAS)

- Os FPGAs são a forma mais comum de hardware reconfigurável. São constituídos por uma grelha de blocos lógicos programáveis, interligações e portas de E/S, que podem ser reconfigurados para desempenharem diferentes funções.
- Os FPGAs são ideais para aplicações que necessitam de prototipagem rápida ou de optimizações de desempenho específicas sem a necessidade de desenvolver um ASIC completo.

Arquitecturas reconfiguráveis de granularidade grosseira (CGRA):

- Os CGRAs consistem em unidades funcionais (FUs) maiores que podem ser reprogramadas dinamicamente. Oferecem um equilíbrio entre flexibilidade (como os FPGAs) e desempenho (como os ASICs).
- São especialmente úteis para aplicações com padrões de computação repetitivos, tais como processamento digital de sinais (DSP), processamento de imagens ou tarefas de aprendizagem automática.

Reconfiguração parcial:

- Esta técnica permite que determinadas secções de um dispositivo reconfigurável (por exemplo, um FPGA) sejam reprogramadas enquanto outras partes continuam a funcionar. Isto reduz o tempo de inatividade e melhora a utilização dos recursos.

Processadores dinamicamente reconfiguráveis:

- Estes processadores combinam microprocessadores convencionais com lógica reconfigurável. Por exemplo, uma FPGA pode ser integrada juntamente com uma CPU padrão para acelerar tarefas específicas como encriptação, compressão de dados ou cargas de trabalho de IA.

Computação adaptativa:

- Os sistemas de computação adaptativa utilizam arquitecturas reconfiguráveis para adaptar o seu hardware em tempo de execução. Isto é útil para sistemas que funcionam em condições ambientais variáveis ou que requerem otimização para restrições de potência, velocidade ou área.

1.1 Vantagens:

- **Desempenho:** As arquitecturas reconfiguráveis superam frequentemente os processadores de uso geral em tarefas específicas devido às configurações de hardware personalizadas que são possíveis.
- **Flexibilidade:** Permitem que os programadores modifiquem o hardware após a implementação, proporcionando adaptabilidade a novas normas, protocolos ou cargas de trabalho.
- **Custo-eficácia:** Embora os FPGAs ou CGRAs possam não igualar o desempenho bruto dos ASICs, podem ser uma solução mais económica para aplicações de baixo volume ou em evolução.

1.2 Aplicações:

- **Processamento de sinais:** Os FPGAs e CGRAs são amplamente utilizados em aplicações DSP, tais como sistemas de comunicações e processamento multimédia, onde o processamento em tempo real e a eficiência são essenciais.
- **Criptografia:** As arquitecturas reconfiguráveis são ideais para a implementação de algoritmos de encriptação, uma vez que podem ser actualizadas para lidar com novas normas criptográficas.
- **Aprendizagem automática e IA:** À medida que os algoritmos de IA evoluem rapidamente, a tecnologia reconfigurável

o hardware pode adaptar-se a novos modelos e técnicas de processamento sem exigir uma reformulação completa do hardware.

- **Automóvel e aeroespacial:** Os sistemas adaptativos são importantes nestes domínios, em que os sistemas têm de evoluir ao longo do tempo ou reconfigurar-se com base em requisitos de missão crítica.

As arquitecturas VLSI reconfiguráveis são parte integrante do futuro da conceção de hardware, oferecendo uma solução dinâmica e adaptável aos desafios computacionais em constante evolução.

2. TIPOS DE ARQUITECTURAS RECONFIGURÁVEIS

2.1 Matrizes de portas programáveis em campo

Os FPGAs (Field-Programmable Gate Arrays) são dispositivos semicondutores baseados numa matriz de blocos lógicos configuráveis (CLBs) ligados através de interligações programáveis. Os FPGAs são concebidos para serem configurados pelo utilizador ou programador após o fabrico ("programáveis no terreno"), oferecendo uma alternativa flexível ao hardware de função fixa, como os circuitos integrados de aplicação específica (ASICs).

2.1.1 Componentes principais de uma FPGA:

Blocos lógicos configuráveis (CLBs):

- Os CLBs são os blocos de construção dos FPGAs e contêm elementos lógicos programáveis, como tabelas de consulta (LUTs), multiplexadores e flip-flops. Estes elementos podem ser configurados para implementar funções lógicas básicas (por exemplo, AND, OR, NOT) ou uma lógica combinatória mais complexa.

Interligações programáveis:

- Estes são caminhos de encaminhamento configuráveis que interligam os CLBs, permitindo a passagem de sinais entre eles. A estrutura de encaminhamento é altamente flexível e pode ser personalizada para aplicações específicas.

Blocos de entrada/saída (E/S):

- Os blocos de E/S gerem a comunicação entre o tecido interno da FPGA e o ambiente externo. Tratam da tradução de sinais entre diferentes níveis de tensão e normas (por exemplo, LVTTL, LVDS).

Bloco de RAM (BRAM):

- Os FPGAs contêm blocos de memória incorporados (BRAM) para armazenamento de dados. Estes blocos podem ser utilizados como RAM, buffers FIFO ou outras formas de armazenamento em projectos de hardware.

Blocos de processamento de sinais digitais (DSP):

- Alguns FPGAs incluem blocos DSP dedicados, optimizados para a realização de operações aritméticas como a multiplicação, adição e acumulação. Estes blocos são particularmente úteis para aplicações de processamento de sinais, processamento de imagens e aprendizagem automática.

Gestão do relógio:

- Os FPGAs incluem frequentemente recursos de gestão do relógio, como loops bloqueados por fase (PLLs) e divisores de relógio, para fornecer sinais de relógio de baixa instabilidade e alta precisão em todo o FPGA.

2.1.2 Programação de FPGAs:

Os FPGAs são programados utilizando uma linguagem de descrição de hardware (HDL), como **VHDL** ou **Verilog**, que define o comportamento e a estrutura dos elementos lógicos do FPGA. O fluxo de projeto envolve normalmente os seguintes passos:

- **Entrada do projeto:** A lógica é descrita usando HDL ou entrada esquemática.
- **Síntese:** A HDL é traduzida numa netlist, uma representação de portas lógicas e interligações.
- **Colocar e encaminhar:** A lista de rede é mapeada para os recursos da FPGA (CLBs,

interconexões, etc.).

- **Programação:** O fluxo de bits resultante é carregado na FPGA, configurando o seu comportamento.

2.1.3 Tipos de FPGAs:

FPGAs com SRAM:

- Estes FPGAs armazenam a sua configuração em células SRAM e precisam de ser reprogramados após ciclos de alimentação. São altamente flexíveis, mas requerem uma memória externa não volátil para armazenar a configuração.

FPGAs baseados em Flash:

- Os FPGAs Flash armazenam a sua configuração numa memória não volátil, pelo que mantêm a sua configuração depois de a alimentação ser desligada. São mais rápidos a ligar, mas podem ser menos flexíveis do que os dispositivos baseados em SRAM.

FPGAs baseados em anti-fusíveis:

- São dispositivos programáveis uma única vez (OTP), o que significa que uma vez programada a configuração, esta não pode ser alterada. São utilizados em aplicações seguras em que a reconfigurabilidade não é desejável.

2.1.4 Vantagens dos FPGAs:

Flexibilidade: Os FPGAs podem ser reprogramados no terreno, o que os torna ideais para a criação de protótipos, actualizações de sistemas e aplicações que requerem alterações frequentes na funcionalidade.

Paralelismo: Os FPGAs permitem uma verdadeira execução paralela de tarefas, o que significa que podem ser executadas várias operações lógicas em simultâneo, resultando num elevado desempenho para tarefas como o processamento de sinais ou a aprendizagem automática.

Personalização: Ao contrário dos processadores de uso geral, os FPGAs permitem que os programadores implementem arquitecturas personalizadas que são optimizadas para aplicações específicas, conduzindo a um melhor desempenho e eficiência energética.

Menor tempo de colocação no mercado: Uma vez que os FPGAs não requerem os longos ciclos de conceção e fabrico dos ASICs, permitem um desenvolvimento e uma iteração mais rápidos, o que é útil para a criação de protótipos e a produção de baixo volume.

2.1.5 Aplicações de FPGAs:

Processamento digital de sinais (DSP): As FPGAs são amplamente utilizadas em comunicações, sistemas de radar e aplicações multimédia devido à sua capacidade de processar sinais em paralelo.

Aprendizagem automática: As FPGAs podem ser utilizadas para inferência em sistemas de aprendizagem profunda, oferecendo uma alternativa energeticamente eficiente às GPUs.

Ligação em rede: Os FPGAs são utilizados em equipamento de rede de alta velocidade para tarefas como o processamento de pacotes e a aceleração de protocolos de rede.

Sistemas incorporados: Os FPGAs são frequentemente integrados em sistemas incorporados para controlo em tempo real, controlo de motores e outras tarefas que exigem respostas rápidas e determinísticas.

Setor automóvel e aeroespacial: Os FPGAs são utilizados em sistemas críticos para a segurança, em que a reconfigurabilidade e a fiabilidade são cruciais, como nos sistemas de controlo automóvel e na aviónica.

2.1.6 Desafios com FPGAs:

Consumo de energia: Os FPGAs consomem normalmente mais energia do que os ASICs personalizados devido à sua flexibilidade e programabilidade.

Complexidade de design: A conceção e otimização de circuitos para FPGAs requer conhecimentos especializados em HDL e princípios de conceção de hardware.

Custo: Os FPGAs podem ser mais caros do que os ASICs para a produção de grandes volumes, devido ao seu maior tamanho e desempenho inferior em aplicações altamente especializadas.

Em resumo, os FPGAs constituem uma plataforma poderosa para prototipagem, processamento em tempo real e projectos de hardware personalizados. A sua reconfigurabilidade, combinada com um elevado desempenho, torna-os uma solução versátil para uma vasta gama de aplicações.

2.2 Arquitecturas reconfiguráveis de granularidade grosseira (CGRAs)

As Arquitecturas Reconfiguráveis de Grão Grosso (CGRAs) são uma classe de arquitecturas de computação reconfiguráveis em que as unidades reconfiguráveis (elementos de processamento) funcionam a um nível "grosseiro" de granularidade, realizando normalmente operações mais complexas do que as portas lógicas de grão fino utilizadas em dispositivos como os FPGAs. Estas arquitecturas equilibram flexibilidade e desempenho, o que as torna adequadas para tarefas específicas de elevado desempenho que exigem tanto reconfigurabilidade como eficiência, como no processamento digital de sinais (DSP), processamento multimédia e aprendizagem automática.

2.2.1 Principais caraterísticas das CGRAs:

Elementos de processamento de granulometria grosseira (PEs):

- Ao contrário dos FPGAs, que utilizam blocos lógicos de grão fino, como tabelas de pesquisa (LUTs), para efetuar operações lógicas básicas, os CGRAs utilizam PEs capazes de executar operações de nível superior, como operações aritméticas (por exemplo, adição, multiplicação), manipulação de dados ou mesmo pequenas instruções de programa. Cada PE inclui normalmente uma ALU (unidade lógica aritmética) e memória local.
- Os PEs nos CGRAs são geralmente mais complexos do que os blocos lógicos dos FPGAs, o que torna os CGRAs mais eficientes em termos de potência para grandes cálculos.

Rede de Interconexão Configurável:

• À semelhança dos FPGAs, os CGRAs apresentam uma rede de interligação configurável que permite o encaminhamento dinâmico de dados entre os PEs. No entanto, nos CGRAs, a rede é mais grosseira e é frequentemente mais estruturada para suportar o fluxo de dados entre funções de alto nível e PEs, reduzindo a complexidade do encaminhamento em comparação com os FPGAs.

Programação orientada para o fluxo de dados:

• Os CGRAs são frequentemente programados utilizando um modelo de fluxo de dados, em que os dados fluem entre PEs e os cálculos são efectuados à medida que os dados ficam disponíveis. Isto torna-os adequados para tarefas com padrões de dados regulares e repetitivos, como o processamento de sinais, o processamento de imagens e a codificação de vídeo.

• As tarefas são frequentemente "mapeadas" na arquitetura a um nível mais elevado, centrando-se no fluxo de dados entre diferentes fases de processamento e não na configuração de portas individuais ou operações de baixo nível.

Flexibilidade de reconfiguração:

• Os CGRAs podem ser parcialmente reconfigurados para se adaptarem a diferentes tarefas. A reconfiguração nos CGRAs tende a ocorrer a um nível mais elevado, o que significa que PEs inteiros ou conjuntos de PEs são reutilizados em vez de portas ou fios individuais. Isto proporciona um equilíbrio entre a flexibilidade dos FPGAs e a natureza de função fixa dos ASICs.

Escalabilidade:

• Os CGRAs são escaláveis e podem suportar uma vasta gama de aplicações, ajustando o número de PEs e a rede de interligação. Esta escalabilidade torna-os adequados para aplicações que vão desde sistemas incorporados de baixo consumo até à computação de elevado desempenho.

CGRA vs FPGA:

Caraterística	CGRA	FPGA
Granularidade	Grosso (processamento maior) elementos)	Fina (tabelas de pesquisa, flip-flops)
Desempenho	Mais elevado para cálculos regulares	Maior para design lógico personalizado
Eficiência energética	Mais eficiente para operações de alto nível	Menos eficiente devido à flexibilidade de grão fino
Tempo de reconfiguração	Mais rápido, mas limitado a blocos grosseiros	Mais lento, mas com um controlo mais preciso
Programação Modelo	Mapeamento baseado em fluxo de dados ou de alto nível	Linguagens de descrição de hardware (HDL)

2.2.2 Vantagens das CGRAs:

Maior desempenho para aplicações de fluxo de dados:

- Os CGRAs são excelentes em aplicações com padrões de processamento de dados repetitivos, como DSP, processamento multimédia e aprendizagem automática. Os PEs maiores e a interconexão mais estruturada permitem um processamento de dados mais rápido em comparação com os FPGAs, onde tarefas semelhantes exigiriam elementos lógicos mais finos.

Eficiência energética:

- A natureza de granularidade grosseira dos CGRAs permite uma utilização mais eficiente da energia em comparação com arquitecturas de granularidade fina como os FPGAs. Como os CGRAs processam dados a um nível mais elevado, normalmente requerem menos operações de comutação, o que se traduz num menor consumo dinâmico de energia.

Reconfigurabilidade:

- Os CGRAs constituem um meio-termo entre os ASICs (que são fixos e oferecem pouca flexibilidade) e os FPGAs (que são altamente flexíveis, mas menos eficientes). Os CGRAs podem ser reconfigurados dinamicamente, o que lhes permite serem reutilizados para diferentes tarefas, mantendo um nível de eficiência mais elevado do que os FPGAs.

Paralelismo:

- Os CGRAs podem tratar fluxos de dados paralelos mapeando diferentes tarefas para diferentes PEs. Isto permite obter ganhos de desempenho significativos em aplicações como o processamento de vídeo, a filtragem de imagens e os cálculos científicos.

2.2.3 Aplicações dos CGRAs:

Processamento digital de sinais (DSP):

- Os CGRAs são particularmente adequados para aplicações de processamento de sinais devido à sua capacidade de processar fluxos de dados em paralelo. São utilizados em sistemas de comunicação, no processamento de vídeo e áudio em tempo real e noutras tarefas pesadas de DSP.

Processamento multimédia:

- A codificação/descodificação de vídeo, o processamento de imagens e o processamento de áudio são exemplos de cargas de trabalho que beneficiam das arquitecturas CGRA, que podem acelerar tarefas de processamento repetitivas como a filtragem, a transformação e a compressão.

Aprendizagem automática:

- Os CGRAs estão a ser cada vez mais utilizados na aprendizagem automática para tarefas como a inferência em redes neuronais, em que são comuns operações matriciais em grande escala e padrões de fluxo de dados. A flexibilidade dos CGRAs permite-lhes ser adaptados a arquitecturas específicas de redes neuronais.

Sistemas incorporados:

Em sistemas incorporados de baixo consumo, os CGRAs podem proporcionar uma computação eficiente para tarefas como o controlo de motores, o processamento de dados de sensores e outras aplicações de controlo em tempo real.

Ligação em rede:

Os CGRAs são também utilizados em dispositivos de rede para tarefas como a inspeção de pacotes, a encriptação e a aceleração de protocolos. O paralelismo e a orientação do fluxo de dados dos CGRAs tornam-nos ideais para tarefas de rede de elevado débito.

2.2.4 Desafios dos CGRAs:

Complexidade de programação:

- Embora os CGRAs ofereçam um modelo de programação de nível mais elevado em comparação com os FPGAs, a conceção de mapeamentos de fluxo de dados eficientes e a configuração de PEs podem continuar a ser complexas. Muitas vezes são necessários compiladores ou ferramentas especializadas para mapear tarefas de alto nível em CGRAs.

Área aérea:

- A flexibilidade dos CGRAs tem o custo de uma maior utilização de área em comparação com os ASICs concebidos à medida. Embora mais eficientes do que os FPGAs, os CGRAs continuam a consumir mais área de silício do que o hardware dedicado a uma tarefa específica.

Otimização específica da aplicação:

- Embora os CGRAs ofereçam reconfigurabilidade, podem não ser tão eficientes como os ASICs concebidos à medida para aplicações específicas. Os projectistas precisam frequentemente de equilibrar flexibilidade e eficiência, o que torna os CGRA mais adequados para aplicações com um volume moderado e normas em evolução.

2.2.5 Exemplos de arquitecturas CGRA:

ADRES (Architecture for Dynamically Reconfigurable Embedded Systems):

- O ADRES é um CGRA que integra um processador VLIW (Very Long

Instruction Word) com um caminho de dados reconfigurável, proporcionando flexibilidade e elevado desempenho para aplicações DSP e multimédia.

RICA (Reconfigurable Instruction Cell Array):

- A RICA é uma arquitetura CGRA destinada a sistemas incorporados que combina células de instrução reconfiguráveis para obter uma elevada eficiência em tarefas como o processamento de sinais e as comunicações.

PACT XPP (eXtreme Processing Platform):

- O XPP é um CGRA concebido para aplicações multimédia e DSP, permitindo pipelines dinamicamente reconfiguráveis que suportam processamento paralelo.

As arquitecturas reconfiguráveis de granulação grossa (CGRAs) oferecem um meio-termo atraente entre a flexibilidade dos FPGAs e a eficiência dos ASICs, tornando-as ideais para aplicações que requerem um processamento de elevado desempenho de padrões de dados repetitivos. Embora possam não atingir o mesmo nível de flexibilidade que os FPGAs ou a eficiência dos ASICs, a sua combinação única de reconfigurabilidade e desempenho torna-as uma ferramenta poderosa para tarefas de computação modernas como DSP, multimédia e aprendizagem automática.

2.3 Reconfiguração parcial

A reconfiguração parcial (PR) é uma técnica poderosa em matrizes de portas programáveis em campo (FPGAs) que permite que uma parte da FPGA seja reconfigurada enquanto o resto do dispositivo continua a funcionar normalmente. Esta capacidade permite uma utilização mais eficiente dos recursos e uma adaptabilidade dinâmica dos projectos de hardware, tornando-a ideal para aplicações que requerem alterações de funcionalidade em tempo real.

2.3.1 Conceitos-chave em reconfiguração parcial:

Reconfiguração dinâmica:

- Com a reconfiguração parcial, diferentes partes do FPGA podem ser reprogramadas em tempo de execução sem reiniciar todo o dispositivo. Isto é particularmente útil em cenários em que determinada funcionalidade precisa de ser trocada, actualizada ou ajustada sem parar todo o sistema.

Regiões estáticas vs. regiões reconfiguráveis:

Uma FPGA que utiliza reconfiguração parcial divide-se em duas áreas principais:

- **Região estática:** Esta parte da FPGA é fixa e permanece funcional durante toda a operação, lidando com a funcionalidade central do sistema que não precisa de mudar dinamicamente.
- **Região reconfigurável:** Esta parte da FPGA pode ser modificada em tempo real. Podem ser carregados diferentes módulos de hardware nesta região com base nos requisitos do sistema num determinado momento.

Bitstreams parciais:

Um **fluxo de bits** é o ficheiro de configuração binário utilizado para programar um FPGA. Na reconfiguração parcial, são criados fluxos de bits mais pequenos correspondentes a secções específicas (regiões reconfiguráveis) da FPGA, permitindo que apenas essa secção seja reprogramada sem afetar o resto do sistema.

Reconfiguração total vs. Reconfiguração parcial:

A reconfiguração completa reprograma toda a FPGA, exigindo que o sistema pare e, potencialmente, seja reiniciado.

A Reconfiguração Parcial modifica apenas uma região específica, permitindo que o sistema continue a funcionar sem interrupções durante o processo de reconfiguração.

2.3.2 Tipos de reconfiguração parcial:

Reconfiguração parcial dinâmica:

Isto envolve a alteração de parte do FPGA durante o funcionamento do sistema sem parar o dispositivo. A RP dinâmica é ideal para aplicações que requerem alterações em tempo real na funcionalidade do hardware, como a adaptação a novos protocolos, a mudança de algoritmos ou a alteração dos modos dos sensores em tempo real.

Reconfiguração parcial estática:

Na reconfiguração parcial estática, o FPGA não está a funcionar durante a reconfiguração da região reconfigurável, mas o dispositivo ainda não está completamente reiniciado. O processo ocorre enquanto o sistema está em pausa, mas a lógica estática não é afetada.

2.3.3 Vantagens da reconfiguração parcial:

Otimização de recursos:

A RP permite que várias funções ou tarefas partilhem os mesmos recursos FPGA ao longo do tempo. Em vez de colocar todas as funcionalidades na FPGA de uma só vez, o que pode levar a um provisionamento excessivo e ao desperdício de recursos, apenas as partes necessárias são carregadas e utilizadas quando necessário.

Eficiência energética:

O PR pode reduzir o consumo de energia carregando apenas as partes do projeto que são necessárias para uma tarefa específica, permitindo que outras partes da FPGA permaneçam inactivas ou desligadas.

Eficiência de custos:

Ao permitir a comutação dinâmica de tarefas, o PR pode reduzir a necessidade de FPGAs maiores ou de vários dispositivos, permitindo que os projectistas encaixem projectos complexos num FPGA mais pequeno e menos dispendioso.

Flexibilidade:

Os sistemas com RP podem adaptar-se a diferentes cargas de trabalho ou protocolos de forma dinâmica, melhorando a flexibilidade em aplicações como sistemas de comunicação, processamento de sinais ou computação incorporada.

Redução do tempo de inatividade:

Em sistemas que requerem um funcionamento contínuo, o PR permite actualizações ou modificações de hardware sem desligar ou reiniciar todo o sistema, melhorando o tempo de funcionamento e a fiabilidade do sistema.

2.3.4 Aplicações da reconfiguração parcial:

Sistemas de comunicação:

Nos sistemas de comunicação sem fios, as diferentes normas de comunicação (por exemplo, LTE, 5G, Wi-Fi) podem ser carregadas dinamicamente na FPGA, permitindo que os rádios multi-padrão se adaptem às diferentes necessidades de comunicação.

Aprendizagem automática e IA:

Os modelos de redes neuronais podem ser actualizados ou comutados dinamicamente em aceleradores FPGA com base nos requisitos da tarefa, permitindo a adaptação em tempo real em tarefas de inferência de aprendizagem automática.

Processamento de sinais:

No processamento de vídeo e áudio, diferentes filtros ou codecs podem ser trocados dinamicamente com base no formato multimédia atual ou nas necessidades da aplicação.

Aeroespacial e Defesa:

A RP permite sistemas adaptativos que podem modificar a sua funcionalidade em tempo real durante missões críticas. Por exemplo, um drone pode alterar dinamicamente o processamento do sensor ou os algoritmos de encriptação com base nos requisitos da missão, sem necessidade de aterrar e reiniciar.

Sistemas incorporados multitarefa:

Os sistemas que precisam de executar tarefas diferentes em alturas diferentes, como os sistemas automóveis com modos variáveis de condução autónoma, podem beneficiar da RP, alterando dinamicamente as tarefas na FPGA à medida que as necessidades do sistema evoluem.

Equipamento de teste e medição:

O PR permite que equipamentos como osciloscópios ou analisadores lógicos carreguem diferentes configurações de hardware com base no tipo de sinal que está a ser medido, melhorando a flexibilidade e a versatilidade destes dispositivos.

2.3.5 Desafios da reconfiguração parcial:

Complexidade de conceção:

O desenvolvimento de projectos que aproveitem a reconfiguração parcial exige um conhecimento profundo do hardware e do software. O projetista tem de garantir que a região reconfigurável está devidamente isolada e que a sua reconfiguração não interfere com o resto do sistema.

Verificação e teste:

A verificação e o ensaio de concepções de reconfiguração parcial podem ser mais complexos porque implicam garantir que as regiões estáticas e reconfiguráveis funcionam corretamente em conjunto em diferentes configurações.

Tempo de reconfiguração:

Embora a RP evite a necessidade de reconfiguração total, existe ainda alguma latência quando se trocam as configurações. Este facto deve ser tido em conta em aplicações sensíveis ao fator tempo.

Partição do projeto:

O particionamento eficiente da FPGA em regiões estáticas e reconfiguráveis exige uma análise cuidadosa. Um mau particionamento pode levar a uma utilização subóptima dos recursos ou a problemas com o encaminhamento de dados entre regiões estáticas e dinâmicas.

2.3.6 Ferramentas e suporte para reconfiguração parcial:

Os fornecedores modernos de FPGA, como a **Xilinx** e **a Intel (Altera)**, fornecem ferramentas e estruturas para suportar a reconfiguração parcial:

Xilinx Vivado Design Suite:

A Xilinx oferece capacidades de reconfiguração parcial através da sua Vivado Design Suite, onde os projectistas podem definir partições reconfiguráveis e criar fluxos de bits parciais para essas regiões.

Intel Quartus Prime:

O software Quartus Prime da Intel também suporta reconfiguração parcial, permitindo que os programadores modifiquem dinamicamente partes dos seus projectos FPGA.

Fluxo de trabalho para a implementação da reconfiguração parcial:

- **Partição do desenho:**

O projetista começa por identificar quais as partes da FPGA que permanecerão estáticas e quais as que serão reconfiguradas dinamicamente.

- **Geração de módulos:**

Para cada configuração diferente que pode ser carregada na região reconfigurável, um módulo é criado e sintetizado separadamente.

- **Local e itinerário:**

As regiões estáticas e dinâmicas são mapeadas no tecido FPGA. A lógica estática é colocada e encaminhada independentemente das regiões reconfiguráveis, garantindo que a parte estática funcione de forma consistente.

- **Geração de Bitstream:**

O fluxo de bits completo (para configuração inicial) e os fluxos de bits parciais (para reconfiguração dinâmica) são gerados e carregados na FPGA conforme necessário.

- **Reconfiguração em tempo de execução:**

Durante o funcionamento, a FPGA pode ser reconfigurada carregando os fluxos de bits parciais adequados na região reconfigurável, sem afetar a lógica estática.

A reconfiguração parcial é uma técnica poderosa que maximiza a flexibilidade, a eficiência dos recursos e a adaptabilidade dos FPGAs, permitindo actualizações dinâmicas e reconfigurações de hardware sem parar o sistema. Esta capacidade é essencial para aplicações modernas que exigem elevado desempenho, flexibilidade e adaptabilidade em tempo real em sectores como as telecomunicações, os sistemas incorporados, a indústria aeroespacial e as máquinasaprendizagem. Embora introduza complexidades de conceção e ensaio, a RP permite um novo nível de eficiência nos sistemas baseados em FPGA.

2.4 Processadores dinamicamente reconfiguráveis

Os processadores dinamicamente reconfiguráveis (DRP) são processadores especializados que podem modificar as suas configurações de hardware durante o tempo de execução, adaptando-se dinamicamente a diferentes tarefas computacionais ou condições ambientais. Ao contrário dos processadores convencionais com uma arquitetura fixa, os DRP alteram as suas estruturas internas para otimizar o desempenho, a eficiência energética ou a funcionalidade, com base na carga de trabalho ou nas necessidades da aplicação.

2.4.1 Principais caraterísticas dos processadores dinamicamente reconfiguráveis:

- **Adaptabilidade em tempo de execução:**

As DRP podem reconfigurar-se durante o funcionamento, o que lhes permite alterar as suas unidades computacionais, estruturas de memória e interligações em resposta à alteração das tarefas ou dos dados introduzidos. Esta adaptabilidade pode ajudar a otimizar a utilização dos recursos, equilibrar as cargas de trabalho ou atingir os objectivos de desempenho de forma dinâmica.

- **Blocos de hardware configuráveis:**

Os DRP são constituídos por uma série de unidades ou blocos de processamento reconfiguráveis, que podem ser reorganizados ou redefinidos durante o funcionamento. Estes blocos podem ser ALUs (unidades lógicas aritméticas), elementos de memória ou unidades de comunicação. A granularidade destas unidades depende da conceção do processador, variando de blocos de granulação grosseira (unidades maiores) a blocos de granulação fina (unidades mais pequenas e mais flexíveis).

- **Atribuição dinâmica de tarefas:**

Um dos principais pontos fortes dos DRP é a capacidade de atribuir recursos de hardware específicos a tarefas a pedido. Por exemplo, uma parte do processador pode ser configurada para efetuar o processamento de sinais digitais (DSP), enquanto outra pode tratar de funções criptográficas, e ambas as configurações podem ser trocadas ou ajustadas dinamicamente em função das necessidades.

- **Desempenho e eficiência energética:**

Ao adaptar a configuração do hardware a tarefas específicas, as DRP podem obter melhorias significativas no desempenho e na eficiência energética. Por exemplo, as estruturas de hardware especializadas podem ser carregadas para tarefas de computação intensiva, optimizando o rendimento, enquanto as configurações mais simples podem reduzir o consumo de energia durante tarefas menos exigentes.

- **Tempo de reconfiguração:**

Os DRP necessitam de um certo tempo para se reconfigurarem. Esta "latência de reconfiguração" pode variar consoante a complexidade da tarefa e a arquitetura do processador. Um DRP bem concebido minimiza esta latência para evitar estrangulamentos de desempenho durante reconfigurações frequentes.

2.4.2 Tipos de processadores dinamicamente reconfiguráveis:

- **Processadores reconfiguráveis de granularidade fina:**

Nas DRP de grão fino, as portas lógicas individuais ou pequenas unidades lógicas (como tabelas de pesquisa, como nas FPGA) são reconfiguráveis. Isto oferece um elevado grau de flexibilidade, mas pode levar a tempos de reconfiguração mais lentos e a um maior consumo de recursos.
Exemplo: Processadores baseados em **FPGA (Field-Programmable Gate Array)**.

- **Processadores reconfiguráveis de granularidade grossa:**

Estes processadores têm blocos maiores e mais grosseiros, como ALUs inteiras ou unidades funcionais, que são dinamicamente reconfiguráveis. Os DRP de granularidade grosseira são geralmente mais rápidos para reconfigurar e mais eficientes em termos de consumo de energia, mas oferecem menos flexibilidade do que as concepções de granulação fina.
Exemplo: **Arquitecturas reconfiguráveis de granulação grosseira (CGRAs)**.

- **Processadores reconfiguráveis híbridos:**

As DRP híbridas combinam a reconfigurabilidade de grão fino e de grão grosso para oferecer um equilíbrio entre flexibilidade e desempenho. Estas arquitecturas utilizam normalmente blocos de granulação grosseira para computação regular e lógica de granulação fina para tarefas especializadas.

Exemplo: Processadores que utilizam uma combinação de blocos CGRA e FPGA.

2.4.3 Vantagens dos processadores dinamicamente reconfiguráveis:

- **Maior flexibilidade:**

Os DRP permitem que os sistemas alterem a funcionalidade em tempo real, tornando-os ideais para aplicações com requisitos em evolução requisites ou ambientes. Esta flexibilidade é particularmente útil em domínios como as telecomunicações, a aprendizagem automática e os multimédia, em que é necessário suportar dinamicamente diferentes normas ou modelos.

- **Eficiência energética:**

As DRP podem reduzir o consumo de energia reconfigurando-se para utilizar apenas os recursos de hardware necessários para a tarefa atual. Os blocos não utilizados podem ser desligados, contribuindo para a eficiência energética.

- **Desempenho melhorado:**

Ao adaptar o hardware do processador à tarefa em causa, os DRP podem acelerar cargas de trabalho específicas de forma mais eficiente do que os processadores de uso geral. Isto permite um melhor rendimento em tarefas computacionalmente intensivas, como a codificação de vídeo, o processamento de sinais ou a encriptação.

- **Redução das despesas gerais de hardware:**

Em vez de conceber hardware dedicado para cada tarefa, os DRP permitem a implementação de múltiplas funcionalidades utilizando o mesmo hardware, reduzindo os requisitos e custos globais de hardware.

- **Apoio a normas em evolução:**

Os DRP são particularmente valiosos em sistemas que precisam de se adaptar a normas ou protocolos em mudança, como os sistemas de comunicação sem fios (por exemplo, alternar entre protocolos 4G, 5G e Wi-Fi).

2.4.4 Desafios dos processadores dinamicamente reconfiguráveis:

- **Conceção complexa:**

O desenvolvimento de PD é complexo, exigindo uma cuidadosa co-conceção de hardware e software. Tanto a arquitetura como os mecanismos de configuração em tempo de execução têm de ser concebidos para serem eficientes e escaláveis.

- **Despesas gerais de reconfiguração:**

A reconfiguração dinâmica introduz uma sobrecarga em termos de tempo e consumo de energia. Minimizar esta sobrecarga é crucial para manter o desempenho e a eficiência energética do processador, especialmente para aplicações em tempo real.

- **Dificuldade de programação:**

Escrever software que tire o máximo partido da reconfiguração dinâmica é um desafio. Os programadores precisam de ferramentas, linguagens e estruturas especializadas para gerir a reconfiguração e garantir uma execução eficiente.

- **Sensibilidade à latência:**

A reconfiguração frequente pode introduzir atrasos se não for gerida corretamente. Nos sistemas de tempo real, onde as restrições de tempo são críticas, equilibrar a latência da reconfiguração com a execução de tarefas é um desafio fundamental.

2.4.5 Aplicações de processadores dinamicamente reconfiguráveis:

- **Comunicação sem fios:**

Os DRP são utilizados em sistemas de rádio definidos por software (SDR), permitindo que os dispositivos alternem dinamicamente entre diferentes protocolos de comunicação (por exemplo, 4G, 5G, Wi-Fi) sem necessidade de hardware dedicado para cada norma.

Exemplo: Uma estação de base pode reconfigurar os seus elementos de processamento para suportar vários esquemas de modulação e codificação a pedido.

- **Aprendizagem automática e IA:**

Nas aplicações de IA, os DRP podem configurar dinamicamente unidades de processamento para suportar diferentes camadas ou modelos de redes neuronais, adaptando-se a alterações na carga de trabalho ou a actualizações de modelos. Esta flexibilidade é útil em dispositivos de IA de ponta, onde as restrições de recursos são uma preocupação.

Exemplo: Um acelerador de IA pode reconfigurar a sua arquitetura para otimizar as camadas convolucionais numa carga de trabalho e as camadas totalmente ligadas noutra.

- **Processamento multimédia:**

Os DRP são utilizados em aplicações de processamento de vídeo e áudio em que é necessário aplicar dinamicamente diferentes codecs ou filtros. Isto permite que um único dispositivo suporte vários formatos e normas de forma eficiente.

Exemplo: Uma unidade de processamento de vídeo pode reconfigurar-se para lidar com a codificação H.264 para uma tarefa e H.265 para outra.

- **Sistemas incorporados:**

Em sistemas incorporados em tempo real, como unidades de controlo de automóveis ou drones, os DRP podem adaptar as suas capacidades de processamento com base nas entradas dos sensores ou na alteração das exigências do sistema.

Exemplo: A unidade de processamento de um drone pode reconfigurar-se para se concentrar no controlo de voo durante o funcionamento normal e mudar para o processamento de imagem quando capta fotografias ou vídeos.

- **Computação científica:**

Em ambientes de computação de elevado desempenho (HPC), as DRP podem adaptar-se a diferentes tarefas computacionais de forma dinâmica, permitindo uma utilização mais eficiente dos recursos em simulações ou análises de dados.

Exemplo: Um processador pode alternar entre diferentes tipos de cálculos (por exemplo, aritmética de vírgula flutuante, operações matriciais) com base na fase atual de um cálculo científico.

- **Criptografia:**

Os DRP podem alternar dinamicamente entre diferentes algoritmos de encriptação ou protocolos de segurança com base na aplicação ou nos requisitos de segurança, proporcionando uma segurança adaptável ao nível do hardware.

Exemplo: Um dispositivo de comunicação seguro pode reconfigurar os seus elementos de processamento para acelerar diferentes algoritmos de encriptação com base nas exigências de segurança actuais.

2.4.6 Exemplos de processadores dinamicamente reconfiguráveis:

- **MATRIX (Multithreaded Architecture for Real-Time EXecution):**

O MATRIX é um exemplo de uma arquitetura de processador dinamicamente reconfigurável em que os elementos de processamento são configurados em tempo de execução para executar diferentes tarefas com base nos requisitos do sistema.

- **Toshiba DRP (Dynamically Reconfigurable Processor):**

A Toshiba desenvolveu um DRP especificamente concebido para o processamento de imagem e vídeo. O processador pode alternar dinamicamente entre diferentes tarefas, como a deteção de margens, o processamento de cores e a filtragem em tempo real.

- **XiRisc:**

O XiRisc é um processador reconfigurável que integra um processador RISC com uma matriz reconfigurável de elementos de processamento. Foi concebido para sistemas incorporados que requerem um tratamento flexível e eficiente das tarefas.

Os Processadores Dinamicamente Reconfiguráveis representam uma solução inovadora para a crescente procura de computação adaptável e de elevado desempenho numa vasta gama de aplicações. Combinando a flexibilidade do hardware reconfigurável com a eficiência de processadores especializados, os processadores reconfiguráveis dinamicamente oferecem uma plataforma poderosa para as futuras necessidades de computação. Embora a sua conceção e implementação apresentem desafios, as vantagens dos DRP, como a eficiência energética, a flexibilidade e a otimização de tarefas, tornam-nos uma escolha atractiva em domínios como as comunicações, a IA, a multimédia e os sistemas incorporados.

2.5 Computação adaptativa

A computação adaptativa refere-se a sistemas ou arquitecturas que podem ajustar dinamicamente os seus recursos computacionais, configurações ou operações com base na carga de trabalho atual, nas condições ambientais ou nos requisitos do utilizador. Os sistemas de computação adaptativa são concebidos para serem flexíveis, escaláveis e eficientes, oferecendo vantagens significativas em termos de desempenho, eficiência energética e utilização de recursos, especialmente em ambientes de computação heterogéneos.

2.5.1 Conceitos-chave em computação adaptativa:

- **Reconfiguração dinâmica:**

Os sistemas de computação adaptativa utilizam frequentemente **a reconfiguração dinâmica**, permitindo que o hardware ou o software se modifiquem durante o tempo de execução. Isto permite aos sistemas reafectar recursos ou ajustar estratégias de processamento com base em exigências em tempo real. Exemplo: Num sistema de hardware como um FPGA, determinados blocos podem ser reprogramados durante o funcionamento para lidar com diferentes tarefas, optimizando a utilização de recursos para cargas computacionais variáveis.

• **Escalabilidade:**

Os sistemas de computação adaptativa podem aumentar ou diminuir consoante a intensidade da carga de trabalho. Isto é crucial para aplicações com necessidades computacionais flutuantes, como serviços em nuvem, cargas de trabalho de IA ou processamento multimédia.
Exemplo: Uma infraestrutura de computação em nuvem pode atribuir dinamicamente mais nós de processamento durante o pico de tráfego e libertá-los quando a procura diminui.

• **Computação heterogénea:**

A computação adaptativa envolve frequentemente sistemas heterogéneos, em que diferentes tipos de unidades de processamento (por exemplo, CPUs, GPUs, FPGAs, ASICs) são utilizados em conjunto. Estes sistemas atribuem tarefas de forma adaptativa ao elemento de processamento mais adequado para otimizar o desempenho e a utilização de energia.

Exemplo: Um sistema heterogéneo pode utilizar uma GPU para tarefas paralelas pesadas, como a renderização de imagens, enquanto depende de uma CPU para tarefas de controlo, alternando dinamicamente entre estes recursos.

• **Otimização de recursos:**

Os sistemas adaptativos visam otimizar a utilização de recursos como a potência, a memória e a capacidade de processamento. Ao ajustarem dinamicamente as configurações, estes sistemas podem reduzir o desperdício, minimizar o consumo de energia e garantir que apenas os recursos necessários são utilizados. Exemplo: Os dispositivos móveis ajustam o desempenho do processador com base na aplicação em utilização, reduzindo o consumo de energia durante actividades de baixa exigência, como enviar mensagens de texto, e aumentando o desempenho para tarefas de alta exigência, como jogos.

- **Adaptação definida por software:**

Na computação adaptativa, o software desempenha um papel fundamental na gestão das configurações de hardware. Os sistemas **definidos por software** permitem aos programadores adaptar o comportamento do hardware através de interfaces de programação, aumentando a flexibilidade e o controlo dos sistemas adaptativos.

Exemplo: Nas redes definidas por software (SDN), os routers e comutadores de rede podem ser reprogramados através de software para se adaptarem a diferentes condições de tráfego, melhorando dinamicamente o desempenho da rede.

- **Otimização específica da carga de trabalho:**

Os sistemas de computação adaptativa são optimizados para lidar eficientemente com tipos específicos de cargas de trabalho. Isto pode envolver o ajuste das configurações de processamento para tarefas com grande volume de dados, como aprendizagem automática, processamento de sinais ou simulações em grande escala.

Exemplo: Um acelerador de IA ajusta dinamicamente a sua arquitetura para processar diferentes camadas de uma rede neuronal, optimizando para camadas convolucionais durante a análise de imagens e camadas totalmente ligadas durante a classificação.

2.5.2 Tipos de computação adaptativa:

- **Sistemas adaptativos de hardware:**

Estes sistemas modificam a sua configuração física ou lógica de hardware para responder a exigências computacionais variáveis. As arquitecturas reconfiguráveis, como os FPGAs, são normalmente utilizadas na computação adaptativa ao hardware.

Exemplo: **As matrizes de portas programáveis em campo (FPGA)** permitem que partes do hardware sejam reprogramadas em tempo real, proporcionando flexibilidade para alternar entre tarefas como a encriptação, a compressão de dados ou o processamento de sinais.

- **Sistemas adaptativos de software:**

Nestes sistemas, os componentes de software alteram dinamicamente o seu comportamento ou reatribuem recursos. Isto pode ser feito ajustando o agendamento de tarefas, o balanceamento de carga ou a gestão de threads com base nas condições actuais.

Exemplo: **Os compiladores adaptativos** optimizam a execução do código com base nos recursos de hardware disponíveis, modificando a estratégia de execução com base no estado atual do sistema (por exemplo, alternando entre execução paralela e sequencial com base na carga).

- **Sistemas adaptativos em rede:**

Estes sistemas ajustam os recursos e as configurações da rede de forma dinâmica para lidar com cargas de tráfego e condições de rede variáveis. As redes definidas por software (SDN) e os protocolos de encaminhamento adaptáveis são exemplos de sistemas adaptáveis à rede.

Exemplo: Numa **rede 5G**, a computação adaptativa é utilizada para atribuir dinamicamente a largura de banda entre diferentes dispositivos e aplicações, optimizando a latência e o débito com base na utilização em tempo real.

2.5.3 Vantagens da computação adaptativa:

- **Desempenho melhorado:**

Ao ajustarem-se às necessidades específicas de cada tarefa ou carga de trabalho, os sistemas de computação adaptativa podem otimizar o desempenho em tempo real. Isto resulta em tempos de execução mais rápidos e numa utilização mais eficiente dos recursos computacionais.

Exemplo: Nos centros de dados, os sistemas adaptativos atribuem mais recursos de CPU ou GPU a tarefas de aprendizagem automática quando são necessários, garantindo um processamento mais rápido sem aprovisionamento excessivo de recursos.

- **Eficiência energética:**

Os sistemas de computação adaptativos são capazes de reduzir o consumo de energia desligando dinamicamente os componentes não utilizados ou reconfigurando-se para realizar tarefas de uma forma mais eficiente em termos energéticos.

Exemplo: Os processadores móveis ajustam dinamicamente a sua frequência e tensão, conservando a vida da bateria quando não é necessário um elevado desempenho.

- **Eficiência de custos:**

A utilização eficiente de recursos e a capacidade de escalonamento com base na procura ajudam a reduzir os custos operacionais, especialmente em ambientes de computação em grande escala, como a infraestrutura de nuvem.

Exemplo: Os fornecedores de serviços em nuvem utilizam a computação adaptativa para atribuir máquinas virtuais de forma dinâmica, aumentando ou diminuindo os recursos conforme necessário, reduzindo os custos para os utilizadores ao cobrar apenas pelos recursos consumidos.

- **Especialização em tarefas:**

Os sistemas de computação adaptativa podem ajustar-se a requisitos de tarefas específicas, tornando-os mais eficazes para aplicações especializadas como o processamento de dados em tempo real, a inferência de modelos de IA ou a codificação multimédia.

Exemplo: Uma **FPGA** utilizada num serviço de streaming de vídeo pode reconfigurar o seu hardware para otimizar para diferentes codecs, melhorando a qualidade e a eficiência do streaming.

- **Redução do tempo de inatividade e da latência:**

Os sistemas adaptativos são capazes de efetuar ajustes em tempo real, reduzindo a necessidade de reiniciar o sistema ou o tempo de inatividade. Isto é particularmente importante em aplicações de missão crítica.
Exemplo: Em aplicações em tempo real, como os veículos autónomos, os sistemas de computação adaptativa ajustam a sua capacidade de processamento de forma dinâmica para responder rapidamente às alterações das condições ambientais sem interromper as operações.

2.5.4 Desafios da computação adaptativa:

- **Complexidade de conceção:**

A conceção de sistemas adaptativos exige uma coordenação cuidadosa entre hardware, software e lógica de controlo. Equilibrar a flexibilidade com o desempenho, a eficiência energética e a utilização de recursos aumenta a complexidade do desenvolvimento e dos testes.

- **Custos adicionais de reconfiguração:**

Embora a reconfiguração dinâmica melhore a flexibilidade, o próprio processo de reconfiguração pode introduzir latência, especialmente em aplicações sensíveis ao tempo. Minimizar essa sobrecarga é essencial para sistemas de tempo real.

- **Dificuldade de programação:**

Os programadores necessitam de competências e ferramentas especializadas para programar e gerir sistemas adaptativos. A complexidade da gestão da atribuição dinâmica de recursos e da reconfiguração torna o processo de desenvolvimento mais difícil do que nos sistemas fixos.

- **Problemas de compatibilidade:**

A integração de sistemas de computação adaptativa com infra-estruturas de hardware ou software existentes pode ser um desafio, especialmente quando se trata de sistemas antigos. Garantir uma integração perfeita requer um planeamento e testes cuidadosos.

2.5.5 Aplicações da computação adaptativa:

• **Inteligência Artificial (IA) e Aprendizagem Automática:**

A computação adaptativa é altamente eficaz em aplicações de IA e de aprendizagem automática, em que as cargas de trabalho são frequentemente diversas e dinâmicas. Por exemplo, os aceleradores de IA podem adaptar-se a diferentes camadas de redes neuronais ou alternar entre tarefas de inferência e de formação com base na procura.

Exemplo: **A Unidade de Processamento Tensorial (TPU)** da Google pode adaptar a sua arquitetura para lidar com diferentes tipos de operações de redes neuronais.

• **Computação em nuvem e centros de dados:**

A computação adaptativa é amplamente utilizada em ambientes de nuvem, onde os recursos devem ser atribuídos dinamicamente com base em cargas de trabalho flutuantes. Isto permite aos fornecedores de nuvens otimizar a utilização dos recursos e reduzir os custos operacionais.

Exemplo: As plataformas de computação em nuvem, como a **Amazon Web Services (AWS),** utilizam a computação adaptativa para gerir máquinas virtuais, garantindo uma utilização eficiente dos recursos de computação por vários clientes.

• **Telecomunicações:**

Nas redes de comunicação modernas, a computação adaptativa ajuda a gerir o tráfego de dados variável e os requisitos de largura de banda. Por exemplo, as redes 5G utilizam sistemas adaptativos para atribuir dinamicamente recursos entre diferentes dispositivos e serviços com base nas exigências em tempo real.

Exemplo: **Os rádios definidos por software (SDR)** adaptam as suas configurações para suportar vários protocolos de comunicação (por exemplo, 4G, 5G, Wi-Fi) em tempo real.

- **Sistemas autónomos:**

Em veículos autónomos e drones, a computação adaptativa permite que os sistemas ajustem os seus recursos computacionais em resposta a condições ambientais variáveis. Por exemplo, os algoritmos adaptativos podem otimizar o processamento dos sensores, a tomada de decisões e a navegação em tempo real com base na situação atual.

Exemplo: Um drone autónomo pode reconfigurar os seus processadores para se concentrarem mais na deteção de obstáculos quando voa num ambiente complexo, reduzindo a concentração em tarefas menos críticas.

- **Defesa e aeroespacial:**

A computação adaptativa é utilizada em aplicações de defesa e aeroespaciais em que os sistemas têm de se ajustar à evolução dos requisitos da missão. Isto pode implicar a reconfiguração dinâmica de sistemas informáticos a bordo para lidar com diferentes tarefas, como a análise de dados de sensores, a encriptação ou a comunicação.

Exemplo: Os satélites militares podem reconfigurar dinamicamente os seus processadores de bordo para alternar entre tarefas de comunicação, encriptação e vigilância com base nas necessidades da missão.

• Internet das Coisas (IoT):

Os dispositivos IoT têm frequentemente recursos limitados e cargas de trabalho variáveis. A computação adaptativa permite que estes dispositivos ajustem o seu desempenho com base na disponibilidade de energia, nas condições da rede ou nas necessidades de processamento de dados.

Exemplo: Um termóstato inteligente ajusta dinamicamente o seu poder de processamento com base no facto de estar em modo inativo ou a regular ativamente a temperatura.

2.5.6 Exemplos de tecnologias de computação adaptativa:

• FPGAs (Field-Programmable Gate Arrays):

Os FPGAs estão entre os exemplos mais proeminentes de hardware de computação adaptativa. Permitem a reconfiguração da lógica do hardware para lidar com diferentes tarefas, tornando-os altamente flexíveis para diversas aplicações.

• CGRA (Coarse-Grained Reconfigurable Architectures):

Os CGRAs permitem a reconfiguração dinâmica de blocos de processamento maiores e de granularidade mais grosseira. Isto oferece um equilíbrio entre flexibilidade e desempenho, com menor sobrecarga de reconfiguração do que os sistemas de granulação fina como os FPGAs.

• Redes definidas por software (SDN):

A SDN permite aos administradores de rede gerir, configurar e otimizar dinamicamente os recursos da rede através de software, permitindo a adaptação em tempo real às exigências variáveis da rede. A computação adaptativa fornece uma abordagem poderosa para a criação de sistemas flexíveis, eficientes e escaláveis que podem responder às exigências computacionais em constante mudança. Ao tirar partido da reconfiguração dinâmica, das arquitecturas heterogéneas e da gestão inteligente de recursos, a computação adaptativa permite que os sistemas atinjam um desempenho superior, um consumo de energia reduzido e uma utilização mais eficiente dos recursos numa vasta gama de aplicações.

2.6 Arquitecturas reconfiguráveis para aprendizagem automática

As arquitecturas reconfiguráveis para a aprendizagem automática (AM) são arquitecturas de hardware especializadas que podem adaptar-se e modificar as suas configurações com base nas necessidades computacionais de vários algoritmos de AM. Estas arquitecturas proporcionam flexibilidade, eficiência e escalabilidade, tornando-as adequadas para executar diversas cargas de trabalho de aprendizagem automática, como modelos de aprendizagem profunda (DL), aprendizagem por reforço e algoritmos tradicionais.

O hardware tradicional, como CPUs e GPUs, embora potente, pode não ser totalmente optimizado para todas as tarefas de ML devido às suas arquitecturas fixas. Em contrapartida, **as arquitecturas reconfiguráveis**, como as **FPGAs (Field-Programmable Gate Arrays)** e **as CGRAs (Coarse- Grained Reconfigurable Architectures)**, podem ser personalizadas ao nível do hardware, permitindo a adaptação em tempo real às necessidades de modelos, camadas ou operações específicos de aprendizagem automática. Isto resulta numa melhor eficiência energética, num desempenho superior e numa maior flexibilidade para uma vasta gama de aplicações de aprendizagem automática.

2.6.1 Conceitos-chave em arquitecturas reconfiguráveis para aprendizagem automática:

• **Adaptabilidade:**

As arquitecturas reconfiguráveis podem ser programadas e modificadas durante o tempo de execução para se adaptarem a tarefas específicas de aprendizagem automática. Por exemplo, uma arquitetura pode ajustar a sua lógica para efetuar a multiplicação de matrizes para camadas de redes neuronais ou tratar outras operações como convolução, agrupamento ou funções de ativação.

• **Personalização:**

As arquitecturas reconfiguráveis permitem que o hardware seja personalizado para cargas de trabalho específicas de ML. Por exemplo, podem otimizar as caraterísticas de determinadas camadas de redes neuronais, como as camadas convolucionais no processamento de imagens ou as camadas totalmente ligadas em tarefas de classificação.

• **Eficiência energética:**

Uma das principais vantagens das arquitecturas reconfiguráveis é a sua capacidade de proporcionar uma elevada eficiência energética, adaptando o hardware para corresponder precisamente à computação. Isto é particularmente importante em ambientes sensíveis à energia, como os dispositivos de ponta ou as aplicações móveis.

• **Paralelismo:**

Os algoritmos de aprendizagem automática, especialmente os modelos de aprendizagem profunda, requerem grandes quantidades de computação paralela. As arquitecturas reconfiguráveis podem ser concebidas para maximizar o paralelismo, permitindo que várias operações (por exemplo, operações matriciais, convoluções) sejam calculadas simultaneamente.

• **Processamento de baixa latência:**

As arquitecturas reconfiguráveis podem ser optimizadas para reduzir a latência das tarefas de inferência de aprendizagem automática, minimizando o movimento desnecessário de dados e reconfigurando os blocos de hardware para lidar com operações específicas de uma forma simplificada.

2.6.2 Tipos de arquitecturas reconfiguráveis para a aprendizagem automática:

Matrizes de portas programáveis em campo (FPGAs):

• **Os FPGAs** são dispositivos de hardware que podem ser reprogramados após o fabrico para implementar circuitos lógicos personalizados. Para a aprendizagem automática, os FPGAs podem ser configurados para acelerar operações específicas, como multiplicações de matrizes, convoluções ou funções de ativação, dependendo dos requisitos do modelo que está a ser executado.

Vantagens dos FPGAs para o ML:

- **Flexibilidade:** Os FPGAs podem ser reconfigurados para diferentes tarefas de ML, permitindo-lhes lidar com diversos modelos e operações com padrões personalizados de fluxo de dados e acesso à memória.
- **Paralelismo:** Podem explorar o paralelismo maciço através do mapeamento de cálculos em grande escala (por exemplo, multiplicações de matrizes) em vários blocos de hardware.
- **Eficiência energética:** Os FPGAs podem ser mais eficientes em termos energéticos do que as CPUs e GPUs, especialmente para tarefas de inferência em dispositivos com recursos limitados, como o hardware de IA de ponta.

Casos de utilização:

- Os FPGAs são utilizados em aceleradores de IA na nuvem (por exemplo, o Project Brainwave da Microsoft), sistemas autónomos e dispositivos de ponta para acelerar tarefas de aprendizagem automática como a deteção de objectos, a classificação de imagens e o processamento de sinais.

Desafios:

- A programação de FPGAs requer conhecimentos especializados e o fluxo de design pode ser complexo. Há também despesas gerais associadas à reconfiguração, o que pode levar a atrasos em aplicações altamente dinâmicas.

Arquitecturas reconfiguráveis de granulação grosseira (CGRAs):

- **Os CGRAs** são arquitecturas de hardware que utilizam blocos computacionais maiores e de granularidade grosseira (como ALUs ou DSPs) que podem ser reconfigurados dinamicamente. Os CGRAs oferecem um equilíbrio entre flexibilidade e eficiência, tornando-os adequados para acelerar operações específicas de ML.

Vantagens dos CGRAs para o ML:

- **Alto desempenho:** Os CGRAs podem atingir um elevado desempenho adaptando os seus recursos para efetuar operações específicas de ML (por exemplo, convolução, multiplicação de matrizes) de uma forma orientada para o fluxo de dados.
- **Menor sobrecarga:** Em comparação com os FPGAs, os CGRAs tendem a ter uma menor sobrecarga de reconfiguração e podem ser mais eficientes para lidar com determinadas tarefas fixas, como redes neurais profundas (DNNs).
- **Eficiência energética:** Os CGRAs podem reduzir o consumo de energia, concentrando-se nas partes dos modelos de ML que consomem mais recursos computacionais, como operações de matriz em redes neurais convolucionais (CNNs).

Casos de utilização:

- Os CGRAs são adequados para a implementação de tarefas de inferência de aprendizagem profunda em sistemas incorporados ou dispositivos de IA de ponta em que a eficiência energética e a latência são fundamentais.

Desafios:

- Os CGRAs são menos flexíveis do que os FPGAs quando se trata de lidar com uma grande variedade de modelos de aprendizagem automática, mas oferecem melhor desempenho e eficiência para tarefas específicas.

Unidades de Processamento Tensorial (TPU):

- As TPUs, desenvolvidas pela Google, são aceleradores de hardware especializados para cargas de trabalho de aprendizagem profunda. São optimizados para operações matriciais e vectoriais, que são comuns nas redes neuronais. Embora as TPUs não sejam totalmente reconfiguráveis da mesma forma que as FPGAs, são um exemplo de **arquitetura reconfigurável específica de um domínio**, uma vez que estão altamente optimizadas para determinadas tarefas de ML, em particular operações de tensor.

Vantagens das TPUs para o ML:

- **Otimização para Redes Neuronais:** As TPUs são especificamente concebidas para executar redes neurais, particularmente para multiplicações de matrizes e convoluções em modelos de aprendizagem profunda.
- **Alto rendimento:** As TPUs proporcionam um rendimento computacional muito elevado, tornando-as ideais para tarefas de inferência e formação de aprendizagem automática em grande escala.

Casos de utilização:

- As TPUs são utilizadas em plataformas de ML em nuvem de grande escala, como o Google Cloud AI, e em aplicações de computação de alto desempenho para treinar redes neurais profundas (DNNs).

2.6.3 Técnicas para a aprendizagem automática reconfigurável:

- **Otimização específica do modelo:**

Nas arquitecturas reconfiguráveis, o hardware pode ser adaptado a modelos de ML específicos. Por exemplo, uma rede neural convolucional (CNN) pode beneficiar de uma arquitetura que acelere as operações de convolução, enquanto uma rede neural recorrente (RNN) pode utilizar uma arquitetura optimizada para o processamento sequencial de dados.

- **Reconfiguração específica da camada:**

Os modelos de aprendizagem automática consistem em diferentes tipos de camadas (por exemplo, convolucionais, totalmente ligadas, de ativação). As arquitecturas reconfiguráveis podem ser adaptadas para otimizar a computação para camadas específicas, reconfigurando o hardware para melhor lidar com cada operação.

- **Aceleração de matrizes esparsas:**

Muitos modelos de aprendizagem automática, nomeadamente as redes neuronais profundas, envolvem matrizes esparsas. As arquitecturas reconfiguráveis podem ser concebidas para lidar eficientemente com estruturas de dados esparsas, ajustando dinamicamente a computação e a gestão da memória para reduzir operações desnecessárias em elementos de valor zero.

- **Arquitecturas híbridas:**

Uma arquitetura híbrida combina diferentes tipos de hardware reconfigurável (por exemplo, FPGAs, CGRAs, GPUs) para aproveitar os pontos fortes de cada um para tarefas específicas. Isto permite ao sistema lidar com uma maior variedade de cargas de trabalho de aprendizagem automática, mantendo o desempenho e a eficiência.

2.6.4 Aplicações de arquitecturas reconfiguráveis na aprendizagem automática:

- **IA de ponta e sistemas incorporados:**

Em ambientes de computação de ponta, onde a potência e os recursos computacionais são limitados, as arquitecturas reconfiguráveis são ideais para executar tarefas de inferência de aprendizagem automática. As FPGAs e as CGRAs podem ser utilizadas para acelerar tarefas como o reconhecimento de imagens, a deteção de objectos e o processamento de linguagem natural em tempo real em dispositivos como smartphones, drones e dispositivos IoT.

- **Aceleradores de IA baseados na nuvem:**

Nos centros de dados em nuvem, as arquitecturas reconfiguráveis, como os FPGAs, são utilizadas para acelerar as tarefas de aprendizagem automática para aplicações em grande escala, como o processamento de vídeo, os sistemas de recomendação e a análise em tempo real.

Exemplo: **O Project Brainwave** da Microsoft utiliza FPGAs para fornecer inferência de IA em tempo real na nuvem, permitindo que os programadores executem modelos de aprendizagem automática com baixa latência.

- **Veículos autónomos:**

As arquitecturas reconfiguráveis são utilizadas em sistemas autónomos para acelerar a perceção, a tomada de decisões e o controlo em tempo real. Por exemplo, as FPGAs podem ser utilizadas para acelerar o processamento de dados de sensores (por exemplo, LiDAR, radar, câmaras) e executar modelos de redes neurais para deteção de objectos, planeamento de trajectórias e controlo de veículos.

- **Cuidados de saúde e imagiologia médica:**

As arquitecturas reconfiguráveis podem acelerar os modelos de aprendizagem automática utilizados na imagiologia médica, como a classificação de imagens, a segmentação e a deteção de doenças. Estas arquitecturas podem fornecer capacidades de processamento em tempo real, permitindo diagnósticos mais rápidos e melhores resultados para os pacientes.

- **Processamento de linguagem natural (PNL):**

Os modelos de PNL, como os transformadores (por exemplo, BERT, GPT), beneficiam de aceleradores de hardware que podem lidar com multiplicações de matrizes em grande escala. As arquitecturas reconfiguráveis podem ser optimizadas para as operações específicas necessárias nas tarefas de PLN, tais como mecanismos de atenção, modelação de sequências e incorporação de tokens.

2.6.5 Desafios das arquitecturas reconfiguráveis para a aprendizagem automática:

- **Complexidade de programação:**

A programação de arquitecturas reconfiguráveis como as FPGAs requer conhecimentos especializados de conceção de hardware, o que pode constituir um obstáculo para os programadores que estão mais familiarizados com a programação baseada em software para CPUs e GPUs.

- **Custos gerais de reconfiguração:**

Embora as arquitecturas reconfiguráveis ofereçam flexibilidade, o tempo e os recursos necessários para reconfigurar o hardware podem introduzir custos adicionais, especialmente em aplicações em tempo real em que é essencial uma adaptação rápida.

- **Escalabilidade:**

O escalonamento de arquitecturas reconfiguráveis para lidar com tarefas de aprendizagem automática em grande escala, em particular o treino de redes neuronais profundas, pode ser um desafio devido a restrições de memória e de recursos computacionais.

- **Limitações da cadeia de ferramentas:**

As cadeias de ferramentas e as estruturas para o desenvolvimento de aplicações de aprendizagem automática em hardware reconfigurável não estão tão maduras ou amplamente disponíveis como as das GPUs e CPUs, o que limita a adoção. As arquitecturas reconfiguráveis constituem uma solução poderosa para acelerar as tarefas de aprendizagem automática, em especial para aplicações especializadas como a IA de ponta, o processamento em tempo real e a computação eficiente em termos energéticos. Ao aproveitar tecnologias como FPGAs, CGRAs e sistemas híbridos, os desenvolvedores podem otimizar modelos de aprendizado de máquina para cargas de trabalho específicas, melhorando o desempenho, reduzindo o consumo de energia e obtendo maior flexibilidade em comparação com arquiteturas fixas tradicionais, como CPUs e GPUs.

2.7 Arquitecturas reconfiguráveis para a Inteligência Artificial

As arquitecturas reconfiguráveis para **Inteligência Artificial (IA)** são concebidas para responder às exigências computacionais únicas das cargas de trabalho de IA, oferecendo flexibilidade, escalabilidade e eficiência energética. As tarefas de IA, em particular a aprendizagem profunda, envolvem um processamento paralelo maciço, grandes conjuntos de dados e operações complexas como multiplicações e convoluções de matrizes. Arquitecturas reconfiguráveis, como **FPGAs (Field-Programmable Gate Arrays), CGRAs (Coarse-Grained Reconfigurable Architectures)** e sistemas híbridos, fornecem uma solução dinâmica que se pode adaptar às necessidades de diferentes algoritmos de IA.

- **2.7.1 Principais caraterísticas das arquitecturas reconfiguráveis para IA:**
- **Flexibilidade:**

As cargas de trabalho de IA variam muito - desde a visão computacional ao processamento de linguagem natural (PNL) - e exigem diferentes configurações de hardware. As arquitecturas reconfiguráveis permitem que o sistema se adapte dinamicamente a diferentes modelos de IA, como as redes neuronais profundas (DNN), as redes neuronais convolucionais (CNN), as redes neuronais recorrentes (RNN) e os transformadores.

- **Eficiência energética:**

Muitas aplicações de IA, especialmente no limite (por exemplo, em dispositivos IoT, telemóveis ou veículos autónomos), têm restrições de energia. As arquitecturas reconfiguráveis podem ser optimizadas para eficiência energética, configurando apenas os recursos necessários e desligando os componentes não utilizados.

- **Paralelismo e personalização:**

Os algoritmos de IA são inerentemente paralelos, especialmente em tarefas como a formação e a inferência para redes neurais. As arquitecturas reconfiguráveis são excelentes no processamento paralelo de dados, uma vez que podem ser personalizadas para se adaptarem à operação exacta necessária, como as multiplicações de matrizes na aprendizagem profunda.

- **Adaptação em tempo real:**

As aplicações de IA em tempo real, como os sistemas autónomos, requerem frequentemente ajustes em tempo real da capacidade de processamento e dos recursos com base nos dados de entrada. As arquitecturas reconfiguráveis podem reconfigurar-se em tempo real, permitindo um processamento de IA adaptável sem atrasos.

2.7.2 Tipos de arquitecturas reconfiguráveis para IA:

Matrizes de portas programáveis em campo (FPGAs):

- **Os FPGAs** são plataformas de hardware altamente flexíveis que podem ser programadas e reconfiguradas após o fabrico. Para aplicações de IA, os FPGAs podem ser personalizados para acelerar operações específicas como convolução, pooling e funções de ativação em redes neuronais.

Vantagens:

- **Elevada flexibilidade:** Os FPGAs permitem que os programadores implementem fluxos de dados personalizados e esquemas de processamento paralelo adaptados a tarefas específicas de IA.
- **Eficiência energética:** As FPGAs podem ser mais eficientes em termos energéticos do que as CPUs e GPUs,

especialmente em ambientes com restrições de energia, como as aplicações de IA de ponta.

- **Processamento de baixa latência:** Os FPGAs são frequentemente utilizados em sistemas de IA em tempo real porque podem ser optimizados para tarefas de baixa latência, como o processamento de vídeo ou a navegação autónoma.

Casos de utilização:

- Os FPGAs são utilizados em plataformas de IA na nuvem (por exemplo, o **Project Brainwave** da Microsoft), veículos autónomos e sistemas de IA incorporados para acelerar as tarefas de inferência.

Desafios:

- A complexidade da programação de FPGA exige conhecimentos especializados de conceção de hardware. Além disso, o tempo de reconfiguração dos FPGAs, embora rápido, pode introduzir atrasos em aplicações altamente dinâmicas.

Arquitecturas reconfiguráveis de granulação grosseira (CGRAs):

- **Os CGRAs** consistem em blocos de processamento maiores e reconfiguráveis, como as unidades lógicas aritméticas (ALUs), que podem ser reconfigurados para efetuar operações específicas de IA. Os CGRAs equilibram flexibilidade e desempenho, oferecendo uma solução eficiente para a inferência de IA.

Vantagens:

- **Menor sobrecarga de reconfiguração:** Em comparação com os FPGAs, os CGRAs normalmente têm menos sobrecarga de reconfiguração, o que os torna adequados para adaptações mais frequentes em cargas de trabalho de IA.
- **Processamento Paralelo Eficiente:** Os CGRAs são optimizados para o paralelismo, particularmente para tarefas como multiplicações de matrizes e operações de convolução em redes neuronais.

Casos de utilização:

- Os CGRAs são adequados para sistemas de IA de ponta, dispositivos incorporados e tarefas de inferência de IA em tempo real em que a latência e a eficiência energética são críticas.

Desafios:

- Embora os CGRAs sejam flexíveis, podem não oferecer o mesmo nível de granularidade ou personalização que os FPGAs, limitando a sua utilização em determinadas tarefas de IA altamente especializadas.

Arquitecturas híbridas:

- As arquitecturas híbridas combinam diferentes tipos de hardware reconfigurável (por exemplo, FPGAs, CGRAs, GPUs) para lidar com uma vasta gama de tarefas de IA. Estes sistemas aproveitam os pontos fortes de cada tipo de hardware para otimizar o desempenho, a eficiência energética e a flexibilidade.

Vantagens:

- **Especialização de tarefas:** As arquitecturas híbridas podem atribuir tarefas ao hardware mais adequado para cada fase do processamento da IA. Por exemplo, uma FPGA pode tratar do pré-processamento de dados, enquanto uma GPU trata da inferência da rede neural.
- **Escalabilidade:** os sistemas híbridos podem ser dimensionados para lidar com grandes cargas de trabalho de IA, tornando-os ideais para serviços de IA baseados na nuvem.

Casos de utilização:

- Os sistemas híbridos são utilizados em centros de dados, sistemas autónomos e dispositivos orientados para a IA que exigem uma combinação de elevado desempenho e flexibilidade.

Desafios:

- A integração de múltiplas plataformas de hardware introduz complexidade na conceção e na programação. Além disso, pode ser difícil assegurar uma comunicação sem descontinuidades entre os diferentes componentes de hardware.

Unidades de Processamento Tensorial (TPU) e Arquitecturas Reconfiguráveis Específicas de Domínio:

- **As TPUs**, desenvolvidas pela Google, são hardware especializado concebido para tarefas de IA, nomeadamente formação e inferência de redes neuronais. Embora as TPUs não sejam totalmente reconfiguráveis como as FPGAs, estão optimizadas para operações de IA como a multiplicação de matrizes (operações tensoriais) e oferecem reconfigurabilidade específica do domínio. **Vantagens:**

- **Optimizado para cargas de trabalho de IA:** As TPUs são projetadas para lidar com as demandas computacionais específicas dos modelos de IA, oferecendo alto rendimento para tarefas de aprendizado profundo em grande escala.

- **Alta eficiência:** As TPUs oferecem maior eficiência energética para operações de IA em comparação com processadores de uso geral, como CPUs e GPUs.

Casos de utilização:

- As TPUs são amplamente utilizadas em serviços de IA em nuvem (por exemplo, Google Cloud AI) para treinar grandes redes neurais, como as utilizadas no processamento de linguagem natural (PNL), visão computacional e sistemas de recomendação.

Desafios:

- Embora as TPUs ofereçam um desempenho optimizado para a IA, são menos flexíveis do que as arquitecturas totalmente reconfiguráveis, como as FPGAs, o que limita a sua aplicação a tarefas de IA de carácter mais geral.

2.7.3 Técnicas em arquitecturas de IA reconfiguráveis:

- **Otimização específica da camada:**

Os modelos de IA consistem em diferentes tipos de camadas (por exemplo, camadas convolucionais, camadas totalmente ligadas). As arquitecturas reconfiguráveis podem ser adaptadas para otimizar o hardware para cada tipo de camada, permitindo uma execução mais rápida e eficiente.

Exemplo:

Numa rede neuronal profunda, as camadas convolucionais requerem configurações de hardware diferentes das camadas totalmente ligadas. As arquitecturas reconfiguráveis ajustam para lidar com as necessidades de computação únicas de cada camada.

- **Otimização do fluxo de dados:**

Os modelos de IA envolvem frequentemente um grande movimento de dados entre camadas. As arquitecturas reconfiguráveis podem ser optimizadas para reduzir o movimento de dados, melhorando a eficiência e reduzindo a latência de acesso à memória.

Exemplo:

Uma FPGA ou CGRA pode ser configurada para otimizar o fluxo de dados entre a memória e os elementos de processamento, minimizando atrasos e aumentando o desempenho em tarefas de inferência de IA em tempo real.

- **Aceleração de matrizes esparsas:**

Muitos modelos de IA, especialmente os modelos de aprendizagem profunda, envolvem matrizes esparsas. As arquitecturas reconfiguráveis podem adaptar-se dinamicamente para lidar com estruturas de dados esparsas de forma eficiente, reduzindo os cálculos desnecessários e melhorando o desempenho.

Exemplo:

Numa rede neural esparsa, uma FPGA pode ser reconfigurada para efetuar apenas operações em valores não nulos, reduzindo o tempo de computação e o consumo de energia.

- **Quantização e computação aproximada:**

As arquitecturas reconfiguráveis podem ser adaptadas para suportar redes neuronais quantizadas, que utilizam aritmética de menor precisão (por exemplo, 8 bits em vez de 32 bits) para reduzir os requisitos de computação e de memória. Pode também ser utilizada a computação aproximada, em que as partes menos críticas do cálculo são executadas com menor precisão para poupar recursos.

Exemplo:

Um acelerador de IA baseado em FPGA poderia reconfigurar-se para executar versões quantizadas de uma rede neural para uma inferência mais rápida em dispositivos de ponta sem afetar significativamente a precisão.

2.7.4 Aplicações de arquitecturas reconfiguráveis em IA:

- **IA de ponta:**

As arquitecturas reconfiguráveis são ideais para aplicações **de IA de ponta**, em que as restrições de energia e de recursos exigem uma inferência de IA eficiente e de baixa latência. As FPGAs e as CGRAs são normalmente utilizadas em veículos autónomos, drones, câmaras inteligentes e dispositivos IoT para tarefas como o reconhecimento de imagens, a deteção de objectos e o reconhecimento de voz.

- **Aceleração da IA na nuvem:**

Nos ambientes de computação em nuvem, as arquitecturas reconfiguráveis são utilizadas para acelerar as cargas de trabalho de IA em grande escala. Os FPGAs e os sistemas híbridos são utilizados para acelerar a formação e a inferência de modelos de aprendizagem automática, nomeadamente em serviços como o Microsoft Azure, o Google Cloud e o Amazon Web Services (AWS).

- **Sistemas autónomos:**

Os veículos autónomos, os drones e os robôs dependem do processamento de IA em tempo real para a perceção, a tomada de decisões e o controlo. As arquitecturas reconfiguráveis permitem que estes sistemas se adaptem a condições ambientais e exigências computacionais variáveis, garantindo um funcionamento eficiente e fiável.

• **Cuidados de saúde e IA médica:**

As arquitecturas reconfiguráveis são utilizadas em sistemas de diagnóstico e imagiologia médica para acelerar os modelos de IA que processam grandes volumes de dados médicos, como raios X, ressonâncias magnéticas e tomografias computorizadas. A reconfiguração em tempo real permite que estes sistemas optimizem o processamento para diferentes técnicas e modelos de imagiologia.

• **Processamento de linguagem natural (PNL):**

Os modelos de IA utilizados na PNL, como os transformadores, beneficiam de arquitecturas reconfiguráveis que podem lidar com operações matriciais em grande escala. Estas arquitecturas podem ser optimizadas para tarefas específicas de PLN, como a análise de sentimentos, a tradução automática e o processamento de fala para texto.

2.8 Desafios das arquitecturas de IA reconfiguráveis:

Os desafios das arquitecturas de IA reconfiguráveis são considerações críticas para a implementação e utilização eficazes destas soluções de hardware flexíveis. Apesar das suas vantagens, como a flexibilidade, a eficiência energética e a adaptabilidade, existem vários desafios associados às arquitecturas reconfiguráveis para IA. A resolução destes desafios é crucial para maximizar os benefícios e garantir uma implementação bem sucedida em várias aplicações.

Complexidade de programação:

- **Conhecimentos especializados necessários:** A programação de arquitecturas reconfiguráveis, como FPGAs e CGRAs, requer conhecimentos especializados em linguagens de conceção de hardware (por exemplo, VHDL, Verilog) e conhecimentos de co-design de hardware-software. Isto pode ser um obstáculo para os programadores de software que estão mais familiarizados com linguagens de programação de alto nível.
- **Complexidade do fluxo de projeto:** O fluxo de design para arquitecturas reconfiguráveis envolve várias fases, incluindo a descrição do hardware, a síntese, a colocação e o encaminhamento. Cada fase requer um ajuste cuidadoso para otimizar o desempenho, tornando o processo de desenvolvimento mais complexo em comparação com o desenvolvimento de software tradicional.

Despesas gerais de reconfiguração:

- **Latência:** O processo de reconfiguração do hardware, embora geralmente rápido, introduz alguma latência. Nas aplicações que requerem processamento em tempo real ou quase real, esta sobrecarga de reconfiguração pode afetar o desempenho e a capacidade de resposta.
- **Utilização de recursos:** A reconfiguração frequente pode levar a uma utilização ineficiente dos recursos de hardware se não for gerida cuidadosamente. Garantir que o hardware seja utilizado de forma eficiente durante a reconfiguração é crucial para manter o alto desempenho.

Maturidade da cadeia de ferramentas:

- **Ferramentas e estruturas limitadas:** O ecossistema de ferramentas e estruturas para o desenvolvimento de aplicações de IA em arquitecturas reconfiguráveis não está tão maduro como o das CPUs e GPUs tradicionais. Isto inclui a disponibilidade de linguagens de programação de alto nível, ferramentas de otimização e suporte de depuração.

- **Integração com fluxos de trabalho existentes:** A integração de arquitecturas reconfiguráveis em fluxos de trabalho e ecossistemas de IA existentes pode ser um desafio. Pode haver suporte limitado para estruturas populares de IA (por exemplo, TensorFlow, PyTorch) ou exigir esforço adicional para preencher lacunas.

Otimização do desempenho:

- **Compensações de personalização:** Embora as arquitecturas reconfiguráveis ofereçam uma elevada capacidade de personalização, a otimização das configurações de hardware para modelos específicos de IA exige uma análise cuidadosa das soluções de compromisso entre flexibilidade e desempenho. Garantir que o hardware é ajustado exatamente para a carga de trabalho é essencial, mas pode ser complexo.
- **Aferição de desempenhos e definição de perfis:** A aferição exacta e a definição de perfis de modelos de IA em arquitecturas reconfiguráveis são necessárias para compreender as caraterísticas de desempenho e identificar oportunidades de otimização. Este processo pode ser mais complexo em comparação com as plataformas de hardware tradicionais.

Problemas de escalabilidade:

- **Restrições de recursos:** As arquitecturas reconfiguráveis, em particular os FPGAs, podem ter recursos limitados (por exemplo, blocos lógicos, memória) em comparação com os processadores mais tradicionais. O escalonamento para lidar com modelos ou conjuntos de dados de IA em grande escala pode exigir uma gestão cuidadosa desses recursos.

• **Complexidade de escalonamento:** À medida que os modelos de IA crescem em tamanho e complexidade, o escalonamento de arquitecturas reconfiguráveis para lidar com o aumento das exigências computacionais pode ser um desafio. Garantir que a arquitetura continua a ser eficaz para modelos maiores ou tarefas mais complexas requer um esforço de conceção adicional.

Integração e compatibilidade:

- **Interface com outro hardware:** As arquitecturas reconfiguráveis precisam de interagir com outros componentes do sistema, como CPUs, GPUs e subsistemas de memória. Garantir uma comunicação e integração perfeitas pode ser complexo e pode exigir considerações de design adicionais.
- **Compatibilidade com o ecossistema:** Garantir a compatibilidade com os ecossistemas de hardware e software existentes pode ser um desafio. Por exemplo, a integração de arquitecturas reconfiguráveis com soluções de armazenamento de dados, infra-estruturas de rede ou serviços de nuvem existentes pode exigir um esforço de desenvolvimento adicional.

Gestão de custos e recursos:

- **Custos de desenvolvimento:** O custo de desenvolvimento e implementação de hardware reconfigurável pode ser mais elevado em comparação com as soluções de hardware tradicionais. Isto inclui custos associados a ferramentas de desenvolvimento, protótipos de hardware e conhecimentos especializados.
- **Gestão de recursos:** A gestão eficiente dos recursos de hardware durante o funcionamento, incluindo o tratamento de cargas de trabalho dinâmicas e a minimização do tempo de inatividade, é crucial para manter a relação custo-eficácia.

Fiabilidade e depuração:

- **Fiabilidade do hardware:** Garantir a fiabilidade do hardware reconfigurável durante o funcionamento, especialmente em configurações variáveis, é importante para uma implementação a longo prazo. Os problemas de fiabilidade do hardware podem afetar o desempenho e a estabilidade do sistema.
- **Desafios da depuração:** A depuração de hardware reconfigurável pode ser mais difícil do que a depuração de software tradicional. Identificar e corrigir problemas em designs de hardware, particularmente aqueles relacionados a conflitos de tempo ou recursos, requer ferramentas e técnicas especializadas.

Embora as arquitecturas reconfiguráveis ofereçam benefícios significativos para as aplicações de IA, incluindo flexibilidade, eficiência e adaptabilidade, apresentam uma série de desafios. Abordar a complexidade da programação, a sobrecarga de reconfiguração, a maturidade da cadeia de ferramentas, a otimização do desempenho, as questões de escalabilidade, a integração e a compatibilidade, a gestão de custos e recursos, a fiabilidade e a depuração é crucial para uma implementação e utilização bem sucedidas. Ao compreender e mitigar estes desafios, os programadores e investigadores podem aproveitar eficazmente as arquitecturas reconfiguráveis para fazer avançar as capacidades de IA e satisfazer as exigências das aplicações modernas.

2.8.1 Desafios das arquitecturas de IA reconfiguráveis são considerações críticas para a implementação e utilização eficazes destas soluções de hardware flexíveis. Apesar das suas vantagens, como a flexibilidade, a eficiência energética e a adaptabilidade, existem vários desafios associados às arquitecturas reconfiguráveis para IA. A resolução destes desafios é crucial para maximizar os benefícios e garantir uma implementação bem sucedida em várias aplicações.

Complexidade de programação:

- **Conhecimentos especializados necessários:** A programação de arquitecturas reconfiguráveis, como FPGAs e CGRAs, requer conhecimentos especializados em linguagens de conceção de hardware (por exemplo, VHDL, Verilog) e conhecimentos de co-design de hardware-software. Isto pode ser um obstáculo para os programadores de software que estão mais familiarizados com linguagens de programação de alto nível.
- **Complexidade do fluxo de projeto:** O fluxo de design para arquitecturas reconfiguráveis envolve várias fases, incluindo a descrição do hardware, a síntese, a colocação e o encaminhamento. Cada fase requer um ajuste cuidadoso para otimizar o desempenho, tornando o processo de desenvolvimento mais complexo em comparação com o desenvolvimento de software tradicional.

Despesas gerais de reconfiguração:

- **Latência:** O processo de reconfiguração do hardware, embora geralmente rápido, introduz alguma latência. Nas aplicações que requerem processamento em tempo real ou quase real, esta sobrecarga de reconfiguração pode afetar o desempenho e a capacidade de resposta.
- **Utilização de recursos:** A reconfiguração frequente pode levar à utilização ineficiente dos recursos de hardware se não for gerida cuidadosamente. Garantir que o hardware seja utilizado de forma eficiente durante a reconfiguração é crucial para manter o alto desempenho.

Maturidade da cadeia de ferramentas:

- **Ferramentas e estruturas limitadas:** O ecossistema de ferramentas e estruturas para o desenvolvimento de aplicações de IA em arquitecturas reconfiguráveis não está tão maduro como o das CPUs e GPUs tradicionais. Isto inclui a disponibilidade de linguagens de programação de alto nível, ferramentas de otimização e suporte de depuração.

- **Integração com fluxos de trabalho existentes:** A integração de arquitecturas reconfiguráveis em fluxos de trabalho e ecossistemas de IA existentes pode ser um desafio. Pode haver suporte limitado para estruturas populares de IA (por exemplo, TensorFlow, PyTorch) ou exigir esforço adicional para preencher lacunas.

Otimização do desempenho:

- **Compensações de personalização:** Embora as arquitecturas as arquitecturas reconfiguráveis ofereçam uma elevada capacidade de personalização, a otimização das configurações de hardware para modelos específicos de IA exige uma análise cuidadosa das soluções de compromisso entre flexibilidade e desempenho. Garantir que o hardware é ajustado exatamente para a carga de trabalho é essencial, mas pode ser complexo.
- **Aferição de desempenhos e definição de perfis:** A aferição exacta e a definição de perfis de modelos de IA em arquitecturas reconfiguráveis são necessárias para compreender as caraterísticas de desempenho e identificar oportunidades de otimização. Este processo pode ser mais complexo em comparação com as plataformas de hardware tradicionais.

Problemas de escalabilidade:

- **Restrições de recursos:** As arquitecturas reconfiguráveis, em particular os FPGAs, podem ter recursos limitados (por exemplo, blocos lógicos, memória) em comparação com os processadores mais tradicionais. O escalonamento para lidar com modelos ou conjuntos de dados de IA em grande escala pode exigir uma gestão cuidadosa desses recursos.

- **Complexidade de escalonamento:** À medida que os modelos de IA crescem em tamanho e complexidade, o escalonamento de arquitecturas reconfiguráveis para lidar com o aumento das exigências computacionais pode ser um desafio. Garantir que a arquitetura continua a ser eficaz para modelos maiores ou tarefas mais complexas requer um esforço de conceção adicional.

Integração e compatibilidade:

- **Interface com outro hardware:** As arquitecturas reconfiguráveis precisam de interagir com outros componentes do sistema, como CPUs, GPUs e subsistemas de memória. Garantir uma comunicação e integração perfeitas pode ser complexo e pode exigir considerações adicionais de design.
- **Compatibilidade com o ecossistema:** Garantir a compatibilidade com os ecossistemas de hardware e software existentes pode ser um desafio. Por exemplo, a integração de arquitecturas reconfiguráveis com soluções de armazenamento de dados, infra-estruturas de rede ou serviços de nuvem existentes pode exigir um esforço de desenvolvimento adicional.

Gestão de custos e recursos:

- **Custos de desenvolvimento:** O custo de desenvolvimento e implementação de hardware reconfigurável pode ser mais elevado em comparação com as soluções de hardware tradicionais. Isto inclui custos associados a ferramentas de desenvolvimento, protótipos de hardware e conhecimentos especializados.
- **Gestão de recursos:** A gestão eficiente dos recursos de hardware durante o funcionamento, incluindo o tratamento de cargas de trabalho dinâmicas e a minimização do tempo de inatividade, é crucial para manter a relação custo-eficácia.

Fiabilidade e depuração:

- **Fiabilidade do hardware:** Garantir a fiabilidade do hardware reconfigurável durante o funcionamento, especialmente em configurações variáveis, é importante para uma implementação a longo prazo. Os problemas de fiabilidade do hardware podem afetar o desempenho e a estabilidade do sistema.
- **Desafios da depuração:** A depuração de hardware reconfigurável pode ser mais difícil do que a depuração de software tradicional. Identificar e corrigir problemas em designs de hardware, particularmente aqueles relacionados a conflitos de tempo ou recursos, requer ferramentas e técnicas especializadas.

Embora as arquitecturas reconfiguráveis ofereçam vantagens significativas para as aplicações de IA, incluindo flexibilidade, eficiência e adaptabilidade, apresentam uma série de desafios. Abordar a complexidade da programação, a sobrecarga de reconfiguração, a maturidade da cadeia de ferramentas, a otimização do desempenho, as questões de escalabilidade, a integração e a compatibilidade, a gestão de custos e recursos, a fiabilidade e a depuração é crucial para uma implementação e utilização bem sucedidas. Ao compreender e mitigar estes desafios, os programadores e investigadores podem aproveitar eficazmente as arquitecturas reconfiguráveis para fazer avançar as capacidades de IA e satisfazer as exigências das aplicações modernas.

2.9 Exemplos em tempo real de arquitecturas reconfiguráveis

Exemplos em tempo real de arquitecturas reconfiguráveis ilustram as suas aplicações práticas em várias indústrias e casos de utilização. Eis vários exemplos notáveis em que as arquitecturas reconfiguráveis, como FPGAs, CGRAs e sistemas híbridos, são utilizadas para resolver problemas específicos:

Microsoft Project Brainwave

- **Arquitetura utilizada:** Aceleradores baseados em FPGA
- **Descrição:** O Project Brainwave é uma plataforma de IA baseada na nuvem desenvolvida pela Microsoft que utiliza FPGAs para acelerar a inferência de aprendizagem automática em tempo real. Os aceleradores baseados em FPGA são reconfigurados dinamicamente para otimizar o desempenho de diferentes modelos e cargas de trabalho de IA, permitindo um processamento de baixa latência e elevado rendimento para tarefas como o reconhecimento de imagens, o processamento de linguagem natural (PNL) e os sistemas de recomendação.
- **Caso de utilização:** Inferência de IA em tempo real para serviços em nuvem, permitindo respostas rápidas para aplicações como motores de busca, segmentação de anúncios e IA de conversação.

Google Edge TPU

- **Arquitetura utilizada:** Unidade de Processamento Tensorial (TPU), uma arquitetura reconfigurável específica de um domínio
- **Descrição:** O Edge TPU é um ASIC pequeno e de baixo consumo de energia concebido pela Google para acelerar a inferência de aprendizagem automática na periferia. Embora não seja totalmente reconfigurável da mesma forma que as FPGAs, a Edge TPU está optimizada para cargas de trabalho específicas de IA, em particular as que envolvem operações tensoriais. Pode ser integrada em dispositivos periféricos para processamento em tempo real.
- **Caso de utilização:** aplicações de IA de ponta, como o reconhecimento de imagens e objectos em câmaras inteligentes, dispositivos IoT e aplicações móveis.

Xilinx Zynq UltraScale+ MPSoC

- **Arquitetura utilizada:** Sistema em circuito integrado (SoC) baseado em FPGA com processadores ARM incorporados
- **Descrição:** O Zynq UltraScale+ MPSoC combina a estrutura FPGA com vários núcleos ARM Cortex-A53 e um acelerador de hardware dedicado. O tecido FPGA pode ser reconfigurado para várias tarefas, incluindo processamento de sinais, aceleração da aprendizagem automática e controlo em tempo real.
- **Caso de utilização:** Aplicações em sistemas automóveis, automação industrial e comunicações em que o processamento em tempo real e a adaptabilidade são necessários.

Instâncias AWS EC2 F1

- **Arquitetura utilizada:** Instâncias de nuvem baseadas em FPGA
- **Descrição:** As instâncias do AWS EC2 F1 fornecem aceleração de hardware baseada em FPGA na nuvem. Os utilizadores podem implementar aceleradores de hardware personalizados para otimizar o desempenho de aplicações específicas, incluindo inferência de aprendizagem automática, análise de dados e processamento de vídeo. As instâncias F1 suportam a reconfiguração dinâmica do FPGA para atender a diferentes necessidades computacionais.
- **Caso de utilização:** tarefas de computação de elevado desempenho, como modelação financeira, genómica e processamento de dados em tempo real na nuvem.

NVIDIA Jetson Xavier NX

• **Arquitetura utilizada:** Arquitetura híbrida com GPU e CPU ARM

• **Descrição:** A NVIDIA Jetson Xavier NX é uma plataforma de computação incorporada concebida para aplicações de IA de ponta. Ela possui uma GPU de alto desempenho e uma CPU ARM, com suporte para aceleradores de IA personalizados. A plataforma permite a reconfigurabilidade em termos de optimizações de software e hardware para cargas de trabalho de IA.

• **Casos de utilização:** Robótica autónoma, câmaras inteligentes e outras aplicações de IA de ponta que requerem processamento de imagem e vídeo em tempo real.

FPGAs Stratix 10 da Altera (Intel)

• **Arquitetura utilizada:** FPGAs de alto desempenho

• **Descrição:** A família Stratix 10 de FPGAs da Intel (anteriormente Altera) foi concebida para aplicações de computação de elevado desempenho e de processamento em tempo real. Estas FPGAs são utilizadas em vários domínios, incluindo telecomunicações, aceleração de centros de dados e comércio de alta frequência, em que a capacidade de reconfigurar o hardware em tempo real proporciona vantagens significativas.

• **Casos de utilização:** Processamento de dados em tempo real, aceleração de rede e processamento adaptativo de sinais.

Acelerador IBM PowerAI

- **Arquitetura utilizada:** Placa aceleradora baseada em FPGA
- **Descrição:** O PowerAI Accelerator da IBM utiliza FPGAs para acelerar tarefas de aprendizagem profunda e de aprendizagem automática. Foi concebido para funcionar com os servidores Power Systems da IBM, proporcionando uma aceleração de hardware reconfigurável para melhorar o desempenho das tarefas de formação e inferência de IA.
- **Caso de uso:** Formação e inferência de aprendizagem profunda em ambientes empresariais, melhorando a eficiência e o desempenho computacional.

Vídeo do Digilent Nexys

- **Arquitetura utilizada:** Placa de desenvolvimento baseada em FPGA
- **Descrição:** A placa Nexys Video da Digilent possui um FPGA Xilinx e é utilizada para aplicações de processamento de vídeo. A FPGA pode ser reconfigurada para tarefas como transmissão de vídeo, processamento e interface com várias normas e formatos de vídeo.
- **Caso de utilização:** Processamento de vídeo em tempo real, incluindo captura, conversão e exibição de vídeo em aplicações educacionais e de prototipagem.

FPGAs ADI da Analog Devices em sistemas de rádio

- **Arquitetura utilizada:** FPGAs para rádio definido por software (SDR)
- **Descrição:** A Analog Devices utiliza FPGAs nos seus sistemas de rádio definidos por software para lidar com tarefas de processamento de sinais em tempo real. Estes FPGAs podem ser reconfigurados para implementar diferentes protocolos de rádio, esquemas de modulação e algoritmos de processamento de

sinais.

- **Caso de utilização:** Comunicação em tempo real e processamento de sinais em sistemas de comunicação sem fios, incluindo redes celulares e comunicações militares.

NXP i.MX 8M Plus

- **Arquitetura utilizada:** Arquitetura heterogénea com um acelerador de redes neuronais integrado
- **Descrição:** O i.MX 8M Plus da NXP inclui um acelerador de rede neural dentro de uma plataforma de computação heterogénea. A arquitetura combina uma CPU de alto desempenho, GPU e hardware de IA especializado para suportar cargas de trabalho de IA reconfiguráveis para dispositivos de ponta.
- **Caso de utilização:** aplicações de IA de ponta, como o reconhecimento de voz, a classificação de imagens e a fusão de sensores em dispositivos inteligentes e sistemas automóveis.

Estes exemplos destacam as diversas aplicações e benefícios das arquitecturas reconfiguráveis, desde a aceleração de IA baseada na nuvem e computação de ponta até ao hardware especializado para processamento de vídeo em tempo real e sistemas de comunicação. Cada um destes exemplos demonstra como as arquitecturas reconfiguráveis podem ser adaptadas para satisfazer exigências computacionais específicas e adaptar-se a vários requisitos de aplicação.

REFERÊNCIAS

1. **Chen, K., Liang, H., Zhang, W., & Han, J. (2020).** "Uma pesquisa de aceleradores baseados em FPGA para aprendizado de máquina". IEEE Access, 8, 30521-30535. IEEE Xplore

2. **De Micheli, G., & Hsiao, M. S. (2016).** "Síntese de alto nível: Do algoritmo ao circuito digital". IEEE Transactions on Computer-Aided Design of Integrated Circuits and Systems, 35(12), 1983-1995. IEEE Xplore

3. **Cong, J., Hwang, K., & Xie, S. (2007).** "Reconfiguração parcial dinâmica: A Survey". IEEE Transactions on Computers, 56(4), 469-479. IEEE Xplore

4. **Athanas, P., & J. J. L. (2001).** "Matrizes reconfiguráveis de granulação grossa: An Overview". IEEE Transactions on Computers, 50(6), 614-623. IEEE Xplore

5. **Kim, M. S., Kim, B. H., & Kim, J. S. (2019).** "Projeto e implementação de uma arquitetura reconfigurável de granulação grossa para aprendizado de máquina". Transações IEEE sobre sistemas de integração em escala muito grande (VLSI), 27 (6), 1274-1285. IEEE Xplore

6. **Vassiliadis, S., & P. A. P. (2005).** "Projeto e implementação eficientes de sistemas em tempo real com base em FPGA". IEEE Transactions on Computers, 54(11), 1362-1376. IEEE Xplore

7. **Kim, K. Y., Lee, R. J., & Moon, M. J. (2017).** "Processamento de vídeo em tempo real baseado em FPGA: Arquitetura e análise de desempenho". IEEE Transactions on Circuits and Systems for Video Technology, 27(7), 1378-1391. IEEE Xplore

8. **Zhao, H., Zhu, S., & Wang, W. (2018).** "Um acelerador de hardware baseado em FPGA de alta velocidade para inferência de aprendizado profundo". IEEE Transactions on Neural Networks and Learning Systems, 29(11), 5410-

5422. IEEE Xplore

9. **Bertozzi, D., & Benassi, G. (2021).** "Projeto eficiente de arquiteturas adaptativas para processamento de vídeo em tempo real com FPGA." Transações IEEE em Circuitos e Sistemas para Tecnologia de Vídeo, 31 (6), 2156-2167. IEEE Xplore

10. **Nerurkar, P., & S. D. (2019).** "Aceleradores de hardware reconfiguráveis para processamento de imagens de alto rendimento: Design e implementação." IEEE Transactions on Computer-Aided Design of Integrated Circuits and Systems, 38(12), 2345-2358. IEEE Xplore

11. **Kumar, S., & Palem, K. (2015).** "Arquiteturas FPGA adaptativas para aplicações de aprendizado de máquina eficientes em termos de energia". IEEE Transactions on Very Large Scale Integration (VLSI) Systems, 23(12), 2867-2877. IEEE Xplore

12. **Ming, Y., Chen, Y., & Zhao, Y. (2020).** "Técnicas de reconfiguração dinâmica para sistemas de processamento de dados baseados em FPGA de alto desempenho". IEEE Transactions on Computers, 69(2), 245-258. IEEE Xplore

13. **Gao, X., Li, Z., & Zhang, L. (2019).** "Uma pesquisa sobre arquiteturas de hardware reconfiguráveis para computação de alto desempenho". IEEE Transactions on Parallel and Distributed Systems, 30(5), 1062-1076. IEEE Xplore

14. **Jiang, S., & Lee, H. (2018).** "Projeto e avaliação de uma plataforma de computação reconfigurável para aplicativos em tempo real". IEEE Transactions on Computers, 67(8), 1237- 1250. IEEE Xplore

15. **Liu, Y., & Zhang, X. (2020).** "Estratégias de otimização para matrizes reconfiguráveis de granulação grossa em sistemas embarcados". Transações IEEE sobre sistemas de computação incorporados, 19 (4), 1889-1900. IEEE Xplore

16. **Srinivasan, P., & Pal, S. (2021).** "Gerenciamento eficiente de fluxo de

dados em arquiteturas reconfiguráveis para tarefas de aprendizado de máquina." IEEE Transactions on Neural Networks and Learning Systems, 32(2), 415-426. IEEE Xplore

17. **Alomari, K., & Lee, D. (2019).** "Aceleradores de hardware reconfiguráveis para processamento de rede de alto desempenho". IEEE Transactions on Network and Service Management, 16(1), 234-245. IEEE Xplore

Printed by Books on Demand GmbH, Norderstedt / Germany